zero
플라워
업
사이클링

Green florist

Instagram/flower_atelier_las_flores

Blog.naver.com/mirsoy90

플로리스트 민소희

'플라워아틀리에 라스플로레스'라고 이름 지은 작은 공간을 대전에서 운영 중입니다. 전직 초등교원, 전업주부 등의 명함을 가지고 있었지만 '플로리스트'라는 현직을 사랑하며, 자연과 사물과 사람에 관한 따뜻한 시선을 멈추지 않으려 합니다.

'한국친환경꽃디자인연구소'의 회원으로 활동하며 한국의 꽃, 디자인, 친환경이라는 키워드에 진심입니다.

'친환경화훼지도사' 민간자격을 출원하여 제자를 양성하고, 기업과 학교에서 친환경 아이디어를 이용한 꽃 디자인 작품을 출장 수업하고 있습니다.

작가 인스타그램

벼와 밭작물들로 가득했던 농부들의 땅이 공장으로, 백화점으로, IT 기업의 본사로 쓰임의 변화를 거듭하며, 한국은 놀라운 속도로 성장을 이루어냈습니다. 전쟁 이후 70여 년의 짧은 기간 동안 이처럼 눈부신 발전을 이룬 우리 자신에게 찬사를 보냅니다. 그 성공의 뒷배경은 한국인들의 성장에 대한 갈망과 기본으로 장착된 성실 DNA, 목표를 향한 맹목적인 돌격력이 아니었을까 생각해 봅니다. 이러한 화려한 성취 뒷면, 우리가 놓치거나 간과한 것들을 염려하게 됩니다.

우리나라는 1차 에너지 소비 세계 9위, 석유 소비 1위, CO^2 배출 7위, 국토면적당 쓰레기 배출량 1위를 자랑하며 세계적으로 '기후 깡패, 기후 악당'의 오명을 얻은 지 오래입니다. 이제 선진국의 지위를 차지한 대한민국의 성장 저력을 또 한 번 모아 '기후 위기로부터 지구 살리기' 프로젝트에 몰입할 때라고 생각되며, 이것은 전 세계가 공통으로 전하고 있는 요청에 대한 당연한 응답이라 할 수 있을 것입니다.

오래전 TV에서, 고래의 배 속에 가득했던 폐비닐들을 보고 충격을 받았던 기억이 있습니다. 애초에 비닐은 1959년 나무와 물의 막대한 사용을 안타까워한 Sten Gustaf Thulin(스텐 구스타프 툴린)이라는 스웨덴 발명가의 역작이었습니다. 얇고 가벼우며 방수까지 되는 이 편리한 발명품을 가지고 환경을 보호하고자 개발하고 사용을 권했던 그가, 오늘날 그의 발명품 비닐이 무분별한 사용으로 미세플라스틱이라는 잔해들이 되어 환경을 파괴하는 주범으로 지탄받는 현실을 알게 된다면 그 충격이 어떨까요?

착한 출발이라는 시작이 무색하게도 폐비닐, 스티로폼, 페트병 등 석유 화합물들은 치명적인 단점을 드러내며 인류와 지구상의 생명체들, 지구의 땅과 빙하, 바다 등의 생(生)을 위협하고 있습니다. 이제 그 위기를 똑바로 바라보고, 앓고 있는 지구를 살리기 위해 온 힘을 다해야 할 때입니다.

자원순환의 중요성을 알리고 쓰레기 문제를 해결하기 위해 정부와 기업, 개인들이 혼연일체로 애쓰며 유기적으로 캠페인하고 있는 요즈음의 모습들이 더없이 반갑고, 다행이라 생각합니다.

대한민국의 한 사람이며, 플로리스트로서의 저의 몫도 고민하며 한발 한발 실천하고자 노력하고 있습니다. 'Refuse, Reduce, Reuse, Recycle.' 거절하고, 줄여 쓰고, 다시 쓰고 돌려 쓰는 친환경 캠페인의 구체적인 실천을 위해 꽃 매장에서의 포장지 사용을 줄이고, 재사용 용지를 사용하고, 다시 쓸 수 있는 소재와 방법을 고민하고 있습니다.

친환경 라이프의 또 다른 한 면모인 '업사이클링(Upcycling, 새활용)'에 주목해 플라워와 업사이클링을 접목한 '플라워업사이클링'이라는 명칭의 프로그램을 개발해 각종 강의처와 자격증 코스를 통해 강의하고 있습니다. 월간 플로라를 통해 저의 작품 아이디어들을 기고하고 있으며, 이 책을 통해 저의 꽃과 새활용이라는 아이디어가 콜라보되어진 꽃 작품들을 선보일 수 있어 기쁩니다.

업사이클링이란 버려지는 자원에 디자인과 활용도를 더해서 새로운 가치를 부여하고 새로운 제품으로 탄생시키는 활동입니다. 비닐, 박스, 골판지, 공병, 천, 폐목재, 폐현수막 등 버려지는 쓰레기의 새로운 쓰임을 꽃과 연결하여 디자인하는 소위 '꽃 다시 쓰담' 활동을 함께하는 친환경 꽃 디자인연구회의 한 명이자 강의자로서, 더욱 새롭고 아름다우며 선한 플라워디자인을 연구하겠습니다.

목차

Part. 1

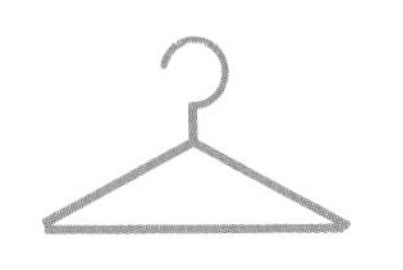

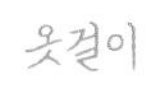

이 나간 그릇

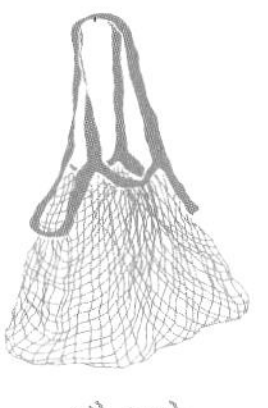

채소망

'쓸모 없음'에서
쓸모를 찾아내는
플라워 디자인북

Part. 2

재료와 도구 소개

제철의 꽃, 드라이된 꽃과 소재들

4계절 내내 딸기와 수박을 먹을 수 있는 풍족한 시대에 살고 있는 우리. 꽃도 마찬가지로 일년 내내 시장에서 볼 수 있는 각종 수입 꽃과 하우스 재배 꽃도 있습니다. 그 꽃들도 예쁘지만, 일년에 단 며칠만 볼 수 있거나 희귀한 제철의 꽃과 야생화를 수업과 작품에 일 순위로 선택하여 사용하는 편입니다. 봄의 딸기와 여름의 수박 등 제철의 과일들이 가장 맛있고 진한 풍미를 주며, 가격도 저렴하고, 유통과 생산에 석유 원자재를 덜 사용하게 되는 진실을 알기 때문입니다. 제철의 꽃들은 크기는 물론, 색감과 형태감이 그 계절에 적절히 맞고 어울려서 감동적이기까지 한 경우가 많은데, 봄의 갓 피어난 수선화의 연노랑과 가을날 은행의 진노랑이 각기 다른 느낌을 전하는 이치와 같습니다. 같은 이치로, 길가의 남천 나무는 봄의 연두, 여름의 진녹색 잎과 하얀 열매, 가을의 단풍 진 잎들과, 겨울의 진빨강 열매 등 계절마다 매력과 풍채가 달라지니, 제철의 꽃과 소재들을 쓰면 계절을 읽을 수 있는 좋은 단서가 되곤 해서 제철의 소재를 쓰는 재미를 발견할 수 있습니다.

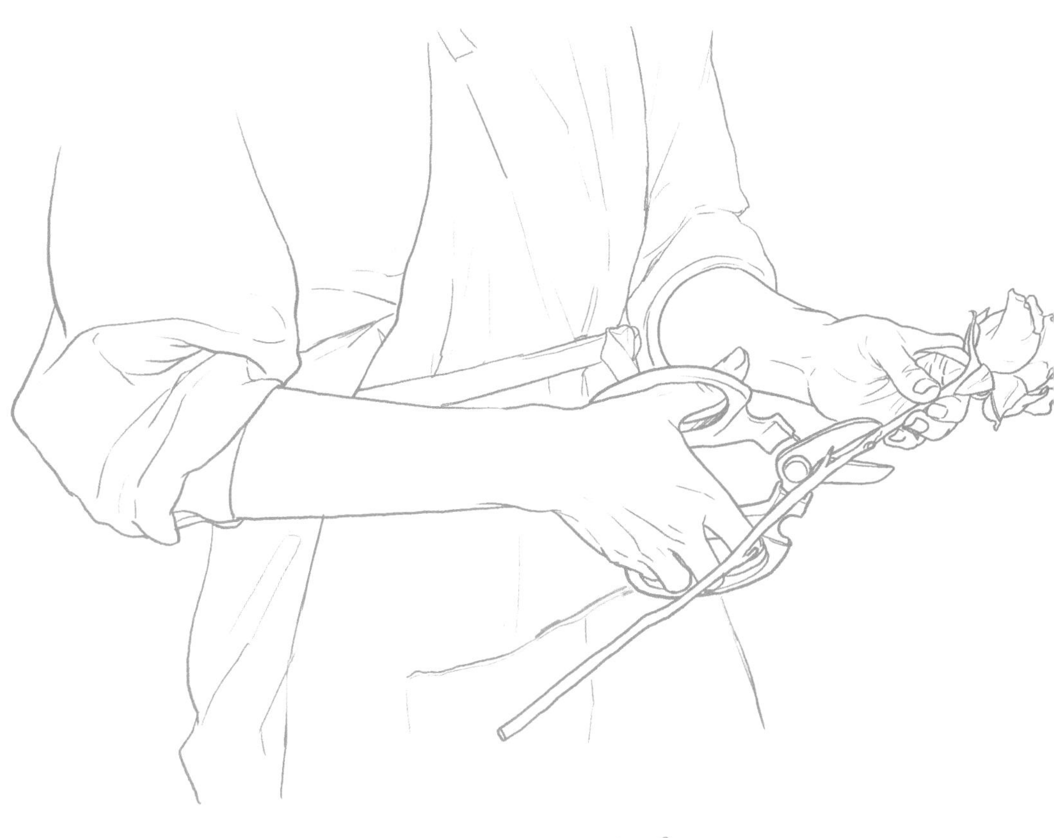

꽃가위, 꽃칼

플로리스트의 기본 도구는 가위 종류만 해도 여러 형태와 날들이 있겠지만, 제겐 막가위 하나면 될 듯합니다.

쓰레기들

누군가의 눈엔 그저 쓰레기지만 업사이클링의 세계를 알게 된다면 이들은 우리에게 보물입니다.

쓸모없음의 쓸모를 발견하고 실천하는 우리!

업사이클링의 세계를 소개합니다.

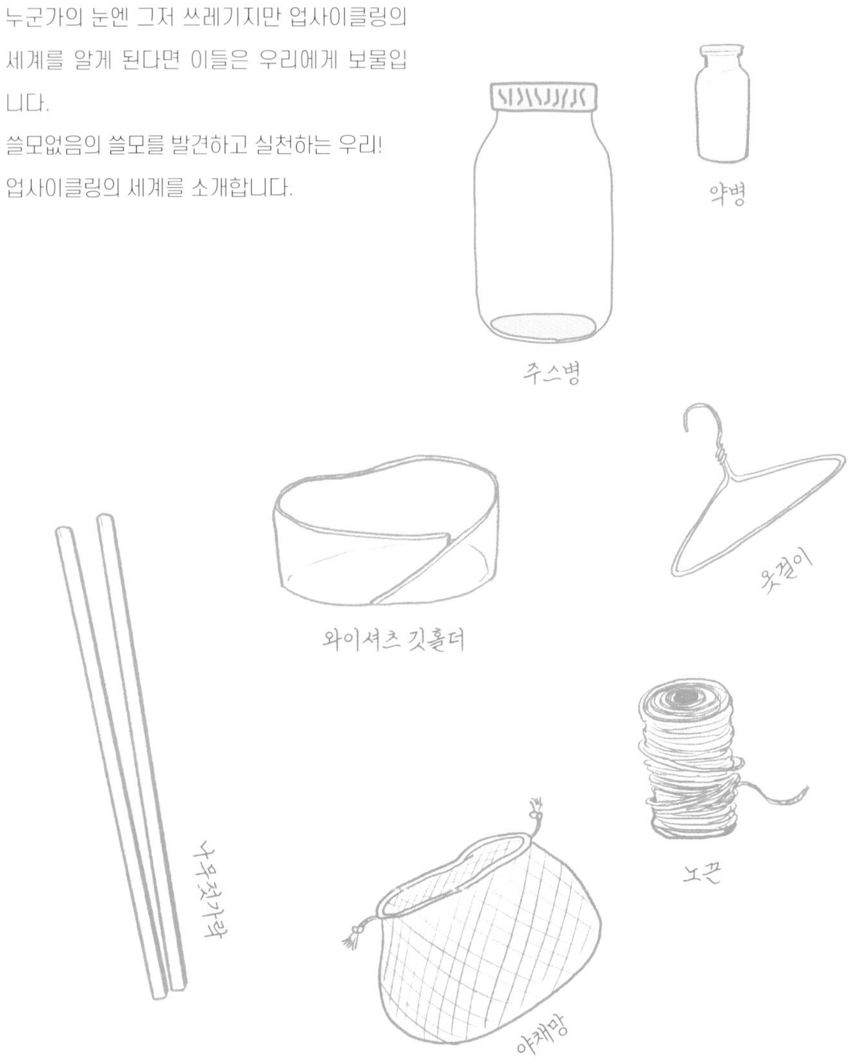

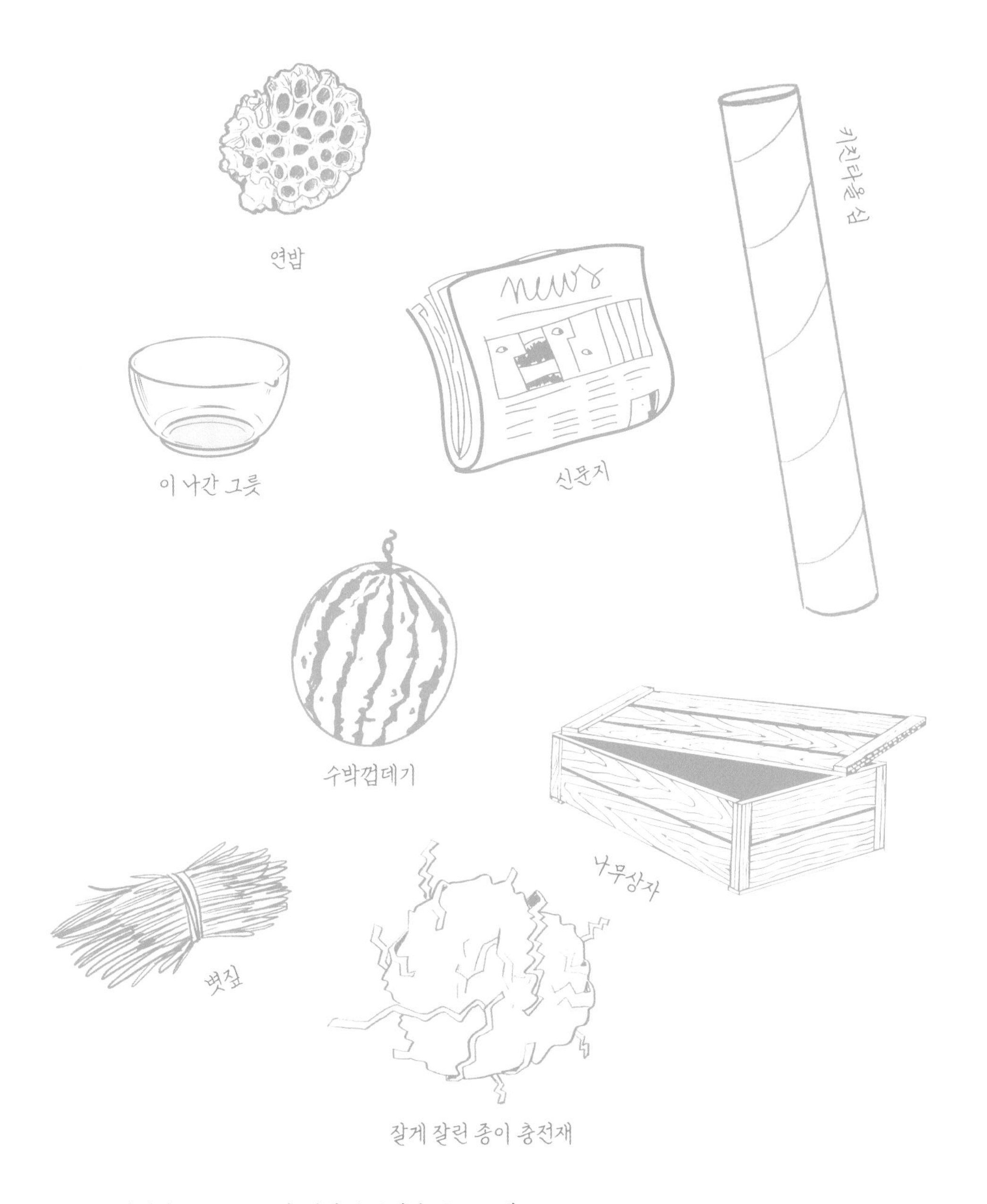

이외에도 음료수 공병, 비닐끈, 옷걸이, 음료수 캔,

천연 수세미, 달걀 포장 골판지, 완충포장재 등…

쓰레기란?

국어사전에 의하면 쓰레기란 못쓰게 되어 내다 버릴 물건이나 내다 버린 물건을 통틀어 이르는 말입니다. 영어로 쓰레기는 Waste, Litter, Garbage, Trash, Rubbish 등 다양한 표현들이 사용되는데 자세히 들여다보면 어떤 작업을 마친 후 나오는 쓰레기, 즉 폐기물은 Waste라고 하고, 종량제봉투에 담아버리는 일반적인 쓰레기는 Trash라고 표현합니다. 음식물쓰레기는 특히 Garbage라는 단어를 쓰는데 영국에서는 Rubbish라는 말을 선호합니다. 사실 인간은 생활 쓰레기 만들어내는 유일한 동물이기도 합니다. 다른 동물들은 그들이 살아가며 만든 모든 것들이 다시 자연으로 돌아가게 하며 딱 필요한 만큼만 사용하는 '절제자'니까요. 오직 인간만이 남기고, 넘치게 사용합니다.

쓰레기의 정의를 '못 쓰는 것들'이라는 문구를 넣어 사용하고 있는데, 저는 우리가 사용하다 버리는 많은 것이 실은 다시 쓰고 또 쓰고 더 잘 쓸 수 있는 점에 주의를 기울여 보았습니다. 우리가 버리고 있는 쓰레기들의 많은 부분이 소각되고 매립되고 재활용되고 있지만 분리배출과 분리수거가 원활하지 못하고 그나마도 제대로 재활용되지 못하는 것이 사실입니다.

대다수의 쓰레기는 내가 죽은 후에도 계속 남아 지구를 차지하게 되는데 특히 대부분의 플라스틱들은 500년 이상 분해되지 않고 미세플라스틱으로 잘게 부수어져 떠돌아다닌다니 끔찍한 일이 아닐 수 없습니다. 플라스틱 줄이기, 일회용품 줄이기가 시급한 현실이며 제로웨이스트가 그저 공허한 구호가 아닌 우리의 일상으로 들여야 하는 필수 불가결한 일임을 다시 한번 환기하게 됩니다.

탄소발자국이라는 단어가 익숙해진 요즘입니다. 인간이 하는 모든 활동에서 발생하는 온실가스, 특히 이산화탄소의 전체양을 의미하는 것으로 2006년 영국에서 제안되었습니다. 탄소발자국은 광합성으로 감소시킬 수 있는 이산화탄소의 양을 나무의 수로 환산해 표시하는데 물건을 제작하고 유통하는 모든 과정에서 발생하는 이산화탄소 배출량에 주목하고 이를 줄이고자 하는 의도를 가지고 있습니다. 예를 들어 겨울철 난방 온도를 2℃ 낮춘다면 71.4kg의 온실가스 배출을 막을 수 있습니다.

온실가스의 증가가 심각한 기후위기의 주요인인 이유는 이들이 지구의 평균 온도를 상승시키며 지구온난화 현상을 일으키고, 이는 기후를 변화시키며 사막화와 침수, 산불, 홍수 등 자연재해를 불러일으키기 때문입니다. 서식지가 파괴되면서 생물종들은 다양성을 잃고 사라지게 되고, 이는 인간의 삶에도 많은 악영향을 미칠 것이 분명합니다. 더 이상의 온실가스 증가를 멈추기 위해서는 지금 당장 탄소중립을 실현해야 하며 이를 위해 화석원료를 퇴출시키고 재생에너지로 대체하며, 실질적인 탄소 배출량을 제로로 만들어야 합니다.

우리나라는 2050년까지 탄소 중립 계획를 발표하고 각 기업들도 탄소배출 제로를 선언하며 이에 발맞추고 있습니다. 이른바 ESG 경영철학이 아니면 이제 어떤 기업도 기후 위기 상황에서 살아남기 힘든 생태임을 자각한 것입니다. 이외에도 많은 사람들의 관심과 실천이 시급히 필요합니다.

바로 우리부터, 당장 지금부터 입니다.

쓰레기 처리 3가지 방법

소각	매립	재활용
분리 배출할 수 있는 쓰레기 외에 태울 수 있는 쓰레기를 연소시켜 부피를 감소시킵니다. 다이옥신 등 공기오염을 일으킵니다.	땅속에 쓰레기를 묻어 자연 분해합니다. 침출수 오염이나 악취, 먼지 등의 문제를 일으킵니다.	분리 배출한 쓰레기를 재사용하는 것으로 가장 효과적인 쓰레기 처리 방법입니다.

쓰레기의 다양한 처리 방법이 있지만
무엇보다 처음부터 쓰레기를 덜 만들고 다시 쓰고 업사이클링하는 방법이 최선입니다.

쓰레기 배출량

한 사람이 하루에 버리는 생활 폐기물의 양

우리나라 하루 평균 쓰레기 배출량 **5만 1247톤**

국내 1인당 1일 생활폐기물 발생량 약 **1kg**

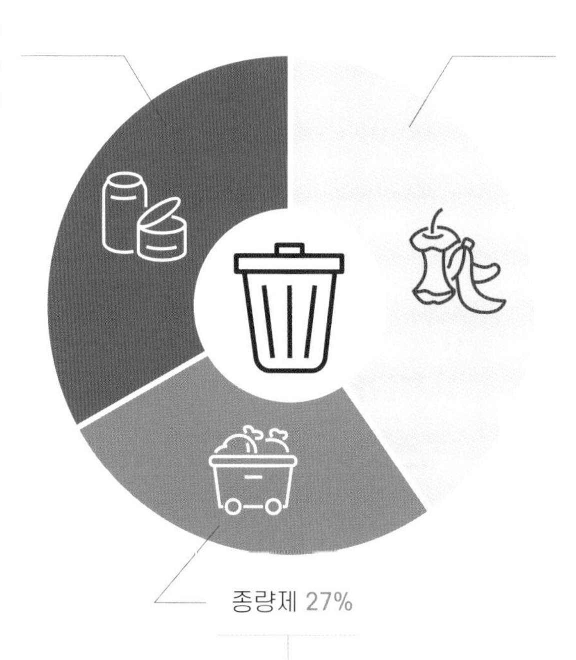

종량제봉투 속 폐기물

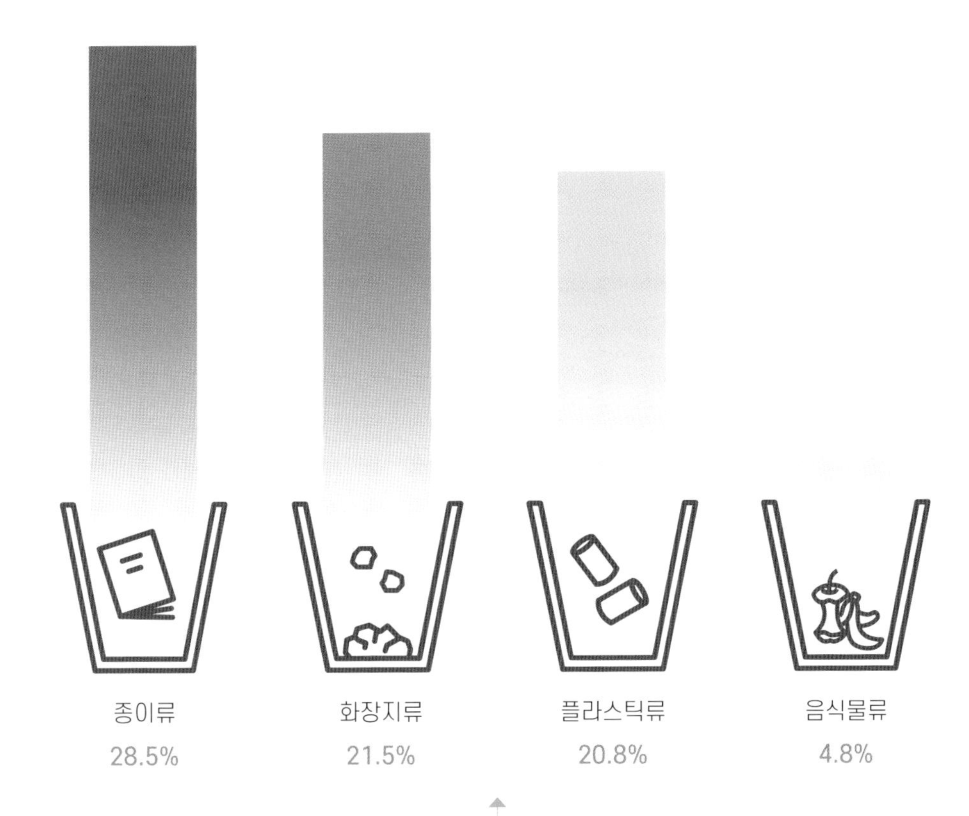

쓰레기가 분해되는 시간

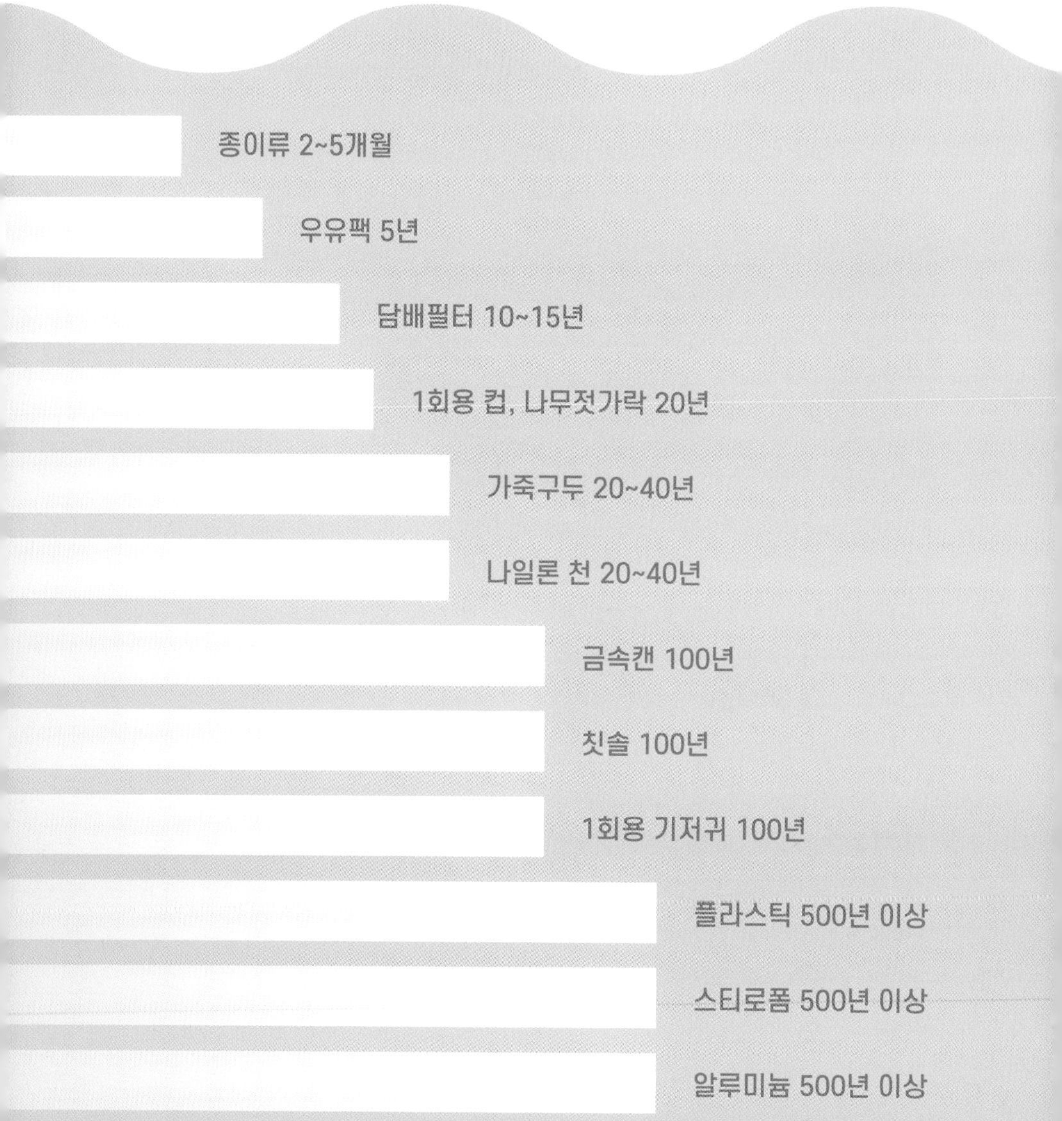

종이류 2~5개월

우유팩 5년

담배필터 10~15년

1회용 컵, 나무젓가락 20년

가죽구두 20~40년

나일론 천 20~40년

금속캔 100년

칫솔 100년

1회용 기저귀 100년

플라스틱 500년 이상

스티로폼 500년 이상

알루미늄 500년 이상

* 자료 - 한국기후환경네트워크 참고

재활용이 가능한 쓰레기들

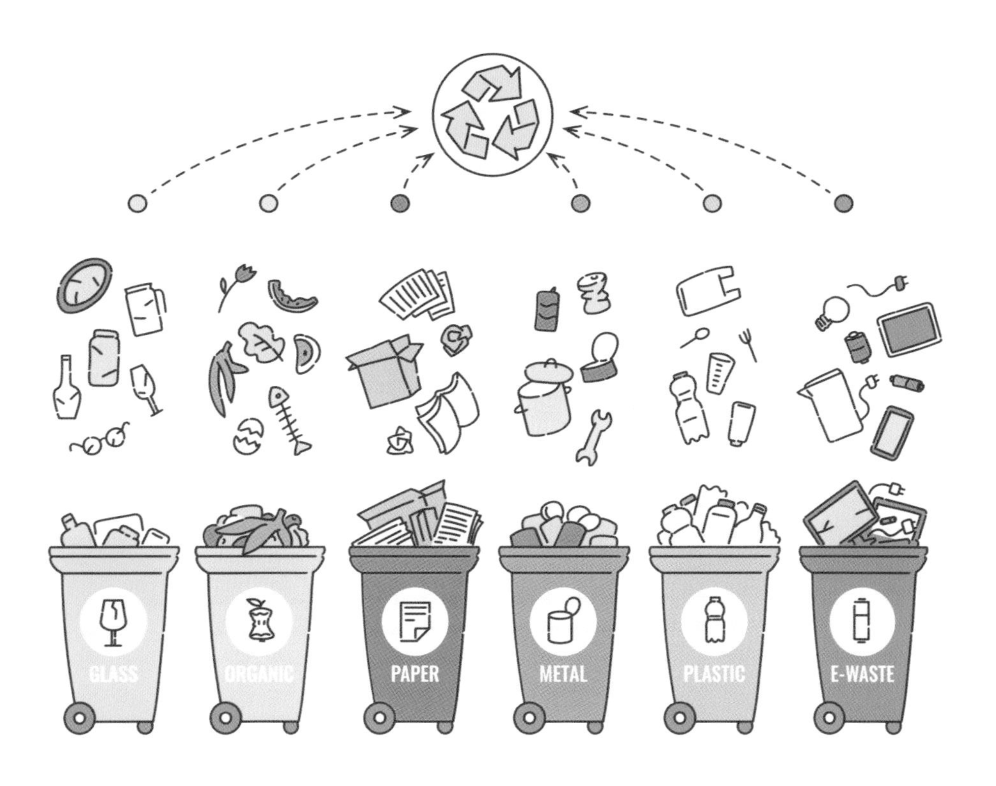

유리	깨지지않게 잘 분리한다면 재활용이 가능하지만 도자기류는 불가합니다.
음식물쓰레기	에너지와 퇴비 등 잘 사용하면 자원이 됩니다.
폐지	신문지, 헌책, 잡지, 상자, 우유팩 등(코팅된 종이는 불가)
폐고철	캔이나 철은 다시 녹여 사용할 수 있습니다.
폐플라스틱류	석유화학물로 페스티로폼이나 폐플라스틱류가 있습니다.
기타	의류, 가전, 가구 등

플라워 업사이클링이란?

업사이클링(Upcycling)은 1994년 10월, 독일의 라이너 필츠가 처음 소개한 개념입니다. 필츠에 따르면 리사이클링은 곧 다운 사이클링입니다. 제품을 소각하는 재처리과정이 있어야 원료로 순환되기 때문이죠. 반면 업사이클링은 폐기물을 소각하는 대신, 해체하고 재조합해 새로운 제품을 만들어냅니다.

이때, 업사이클링 키워드는 '디자인'입니다. 전문가의 디자인 작업을 통해 폐기물이 미적인 가치를 입고 다시 멋진 작품이 되는 것이죠. 예를 들어 주스팩으로 가방을 만들고, 양파망들을 엮어 치마를 만드는 일 말이에요.

이렇게 만들어진 것은 제품의 사용 가치는 물론 소장 가치까지 높아져요. 폐기물이 될 뻔한 운명의 것들이 이전의 사용 목적이나 출처를 탄생 설화 같은 이야기로 삼아, 다시 태어나는 것이니까 말이에요.

'새활용'은 버려지는 자원에 디자인을 더하거나 활용 방법을 바꿔 새로운 가치를 만들어낸다는 의미로 업사이클링을 우리말로 바꾼 것입니다. 쓸모가 없어진 후까지 고려하고, 물건을 오래 쓰려는 의지와 의미는 환경을 지키고 자원의 순환률을 높이는 좋은 방법이 될 수 있습니다.

플라스플로레스는 이러한 업사이클링 아이디어를 꽃꽂이에 결합하여 '플라워 업사이클링'이라는 개념을 여러분께 한발 앞서 전하는 이로서, 자부심과 책임을 안고 최선을 다해 그 역할을 다하고자 합니다.

Part. 1

플라워 업사이클링 작품소개

2021년 11월부터 플라워 전문잡지 '월간 플로라' 지면을 통해 플라워 업사이클링 작품을 소개하고 있습니다. 쓸모없는 것들로 규정지어 버려지는 자원들을 다시 활용하여 더 나은 가치를 발견하고 부여하는 업사이클링에 저의 꽃디자인을 담아내는 과정은 때로는 고통스럽기도 했으나 즐거운 과정이었음에 분명합니다.

작품을 만들 때의 저의 원칙이라면

첫째, 어렵지 않기, 무조건 쉽기.

둘째, 다회용으로 지속 가능하게 사용할 수 있기, 일회용은 NO!

셋째, 많은 돈과 시간을 들이지 않는 간편하고도 마음 가볍게 실천할 수 있기.

였습니다.

도전은 계속되고 공부는 끝이 없습니다.

수없이 많았던 고민의 밤들과 고단한 하루하루를 행복으로 추억하는 오늘의 저 자신을 바라보며, 즐거이 임하는 일들은 더 이상 노동이 아니라는 평범한 진리를 깨닫게 됩니다.

이제부터 쉽고 지속 가능하며 간편해서 도전해 볼 만한 플라워 업사이클링 작품소개를 시작하겠습니다.

포장재를 활용해 만든 리스

소포나 택배를 받고 나면 내용물은 기쁘지만 남겨진 포장 종이나 완충재들이 다시 쓰임될 수 있지 않을까 고민하게 되곤 합니다. 소포지로 링을 만들고, 드라이된 자연소재와 남겨진 인공소재를 적절히 믹스하여 겨울 리스를 만들어보았습니다. 고단했던 손품의 시간과 노력들이, 우아한 벽장식이 된 리스로 보상받는 기쁨을 누릴 수 있습니다.

사용소재

소포지, 포장완충제(쉬레드페이퍼), 신문지, 노끈, 채소망, 톱밥, 캐모마일 더블라떼, 천일홍, 드라이된 라이스플라워, 드라이풍선초, 그라블루스

과정

1 갱지로 리스틀을 만들어준 후, 준비한 재료들을 실로 감아 줍니다. 준비한 드라이 소재들을 면실로 감아줍니다.
2 드라이가 되어가며 지속 가능한 리스가 됩니다.

약병과 선물상자를 활용한 벽장식

선물을 담아 온 나무상자와 작은 약병을 합체하여 벽장식을 만들었습니다. 1회용으로 수명을 다하기엔 너무 아까운 예쁜 선물상자와 갈색 약병은 조금만 손품을 판다면, 계절의 꽃을 교체해주면서 1년 내내 볼 수 있는 지속 가능한 벽장식 오브제로 다시 태어날 수 있습니다.

사용소재

선물상자, 약병, 낙엽송, 더치마스터 수선화, 후케라꽃

과정

1 상자와 약병을 준비합니다.
2 상자를 티크 오일로 칠해줍니다.

과정

3 상자 윗면에 구멍을 내고 끈을 매어줍니다.

4 약병들의 라벨스티커를 떼어줍니다.

과정

5 약병들을 상자 아랫부분에 부착합니다 (글루건이나 강력본드 사용).

6 계절의 꽃과 소재로 장식합니다.

와이셔츠 깃 포장재를 활용한 양귀비 센터피스

와이셔츠를 사고 나면 으레 깃부분을 지지하기 위한 플라스틱 고정장치가 남게 됩니다. 한 번의 포장을 위해 사용되었다가 버려지기엔 너무나 아깝다는 생각이 들어 둥글게 말아 꽃을 어레인지해 보았습니다. 수직 형태로 꽂힌 붉은 양귀비들을 더욱 돋보이게 하는 투명 화기가 되어 쓰임을 업그레이드하게 되었습니다.

사용소재

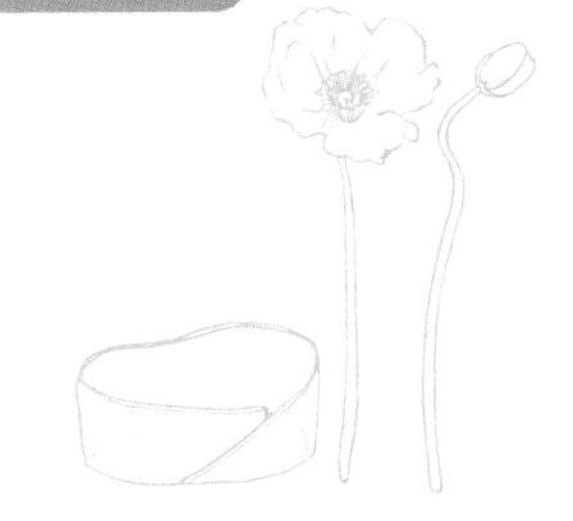

와이셔츠 깃고정 플라스틱, 양귀비

과정

1 와이셔츠 포장부속품들을 준비합니다.
2 링형태로 와이셔츠 깃틀을 고정합니다.

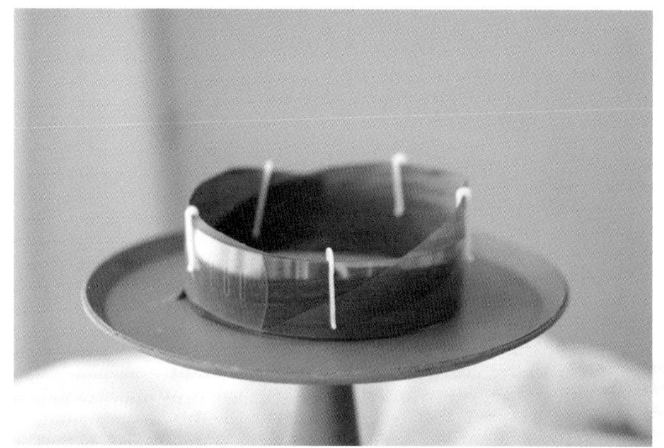

과정

3-4 엽란을 잘라 두 링 사이에 엽란을 집어넣고 핀으로 고정합니다.

과정

5 계절의 꽃을 링 틀 사이에 꽂아줍니다.

다 쓴 키친타올심을 이용한 센터피스

키친타올을 다 쓰고 남겨진 속심을 이용해 꽃과 소재를 고정할 수 있습니다.
값비싼 화병 없이도, 재활용 꽃을 가정에 들여 계절을 느껴보시길 바랍니다.

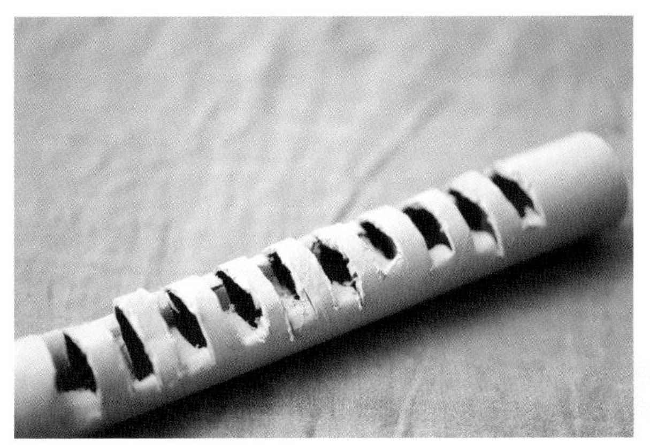

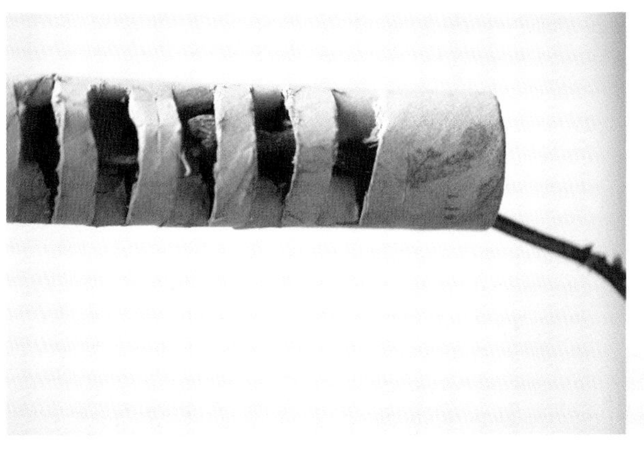

사용소재

카탈리나 장미, 버터플라이 라넌큘러스, 제니스트라, 거베라, 마트리카리아, 설유화 가지, 라그라스, 물망초, 오리목 가지, 키친타올심

과정

1 키친타올 심에 칼집을 줍니다.
2 심 중간에 나뭇가지를 통과시킵니다.

과정

3 화기에 고정합니다.

4 키친타올 심을 고정장치 삼아 계절의 꽃과 소재를 꽂아줍니다.

green florist

애플수박 껍질과 완충포장재를 이용한 센터피스

다 먹은 애플수박의 껍데기를 버리지 않고 화기삼아 그 안에 완충포장재로 꽃 고정장치를 만들어주면, 계절감이 느껴지는 센터피스를 제작해 볼 수 있습니다. 음식물쓰레기의 업사이클링 방법입니다.

사용소재

카네이션, 거베라, 알스트로메리아, 라넌큘러스, 붐바스틱 장미, 라벤더, 커리, 로즈마리, 메이리, 애플수박, 캄파눌라, 클레마티스 씨방, 폴러 유칼립투스 등

과정

1 애플 수박의 속을 파낸 후 완충포장재를 수박 안에 단단히 고정합니다(애플수박의 속살은 아주 달고 맛나니 화채로 만들어 보시길 추천합니다).

2 포장재를 고정장치 삼아 계절의 꽃을 꽂아줍니다.

나무젓가락을 이용한 센터피스

다 쓴 나무젓가락이나 못 쓰게 된 낡은 일회용 젓가락을 꽃 고정장치로 이용하면 플로랄폼이나 와이어가 없이도 손쉽게 플라워 어레인지를 할 수 있습니다.

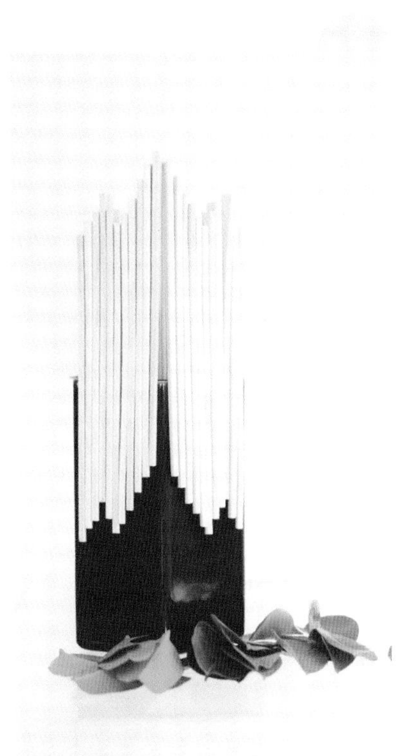

사용소재

나무젓가락, 만데빌라 잎, 코스모스

과정

1 준비한 꽃과 어울리는 화기를 준비합니다.
2 나무젓가락을 벌려 화기 사이에 끼워 줍니다.

과정

3 나무젓가락 사이에 잎들을 꽂아 장식합니다.

4 화기에 물을 담고 꽃들로 채워 줍니다.

과정

5-6 앞뒷면을 모두 장식합니다.

천연수세미를 이용한 센터피스

짚이나 천연수세미는 오랫동안 우리네 설거지 도우미들이었습니다. 수세미 열매를 수확하는 계절, 미세플라스틱이나 환경오염 걱정없는 천연수세미를 고정장치로 삼아 계절의 꽃을 어레인지해 보았습니다. 꽃도 꽂고, 설거지 수세미로도 손색없는 천연수세미와 사랑에 빠지게 될 것입니다.

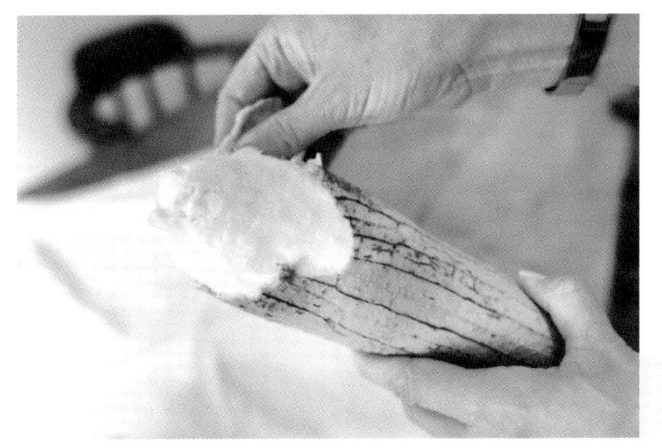

사용소재

천연수세미, 씨이끼시아, 겹꽃삼잎국화, 돼지감자꽃

과정

1 수세미껍질을 벗깁니다.
2 잘 말린 수세미를 세로로 가르고 씨는 빼냅니다.

과정

3 수세미를 화기에 안치힙니다.

4 계절의 꽃과 소재를 꽂아 줍니다.

Green florist

종이 쇼핑백을 이용한 센터피스

색색별로 빛깔도 곱고 질감도 튼튼하고 디자인 독특한 종이 쇼핑백을 볼 때마다 1회용으로 쓰기에는 너무 아깝다는 생각에 빠지곤 합니다. 종이 화병 덮개를 만들고, 이 나간 유리 화병이나 플라스틱병을 화기삼아, 장식한다면 훌륭한 화기로 거듭날 수 있습니다.

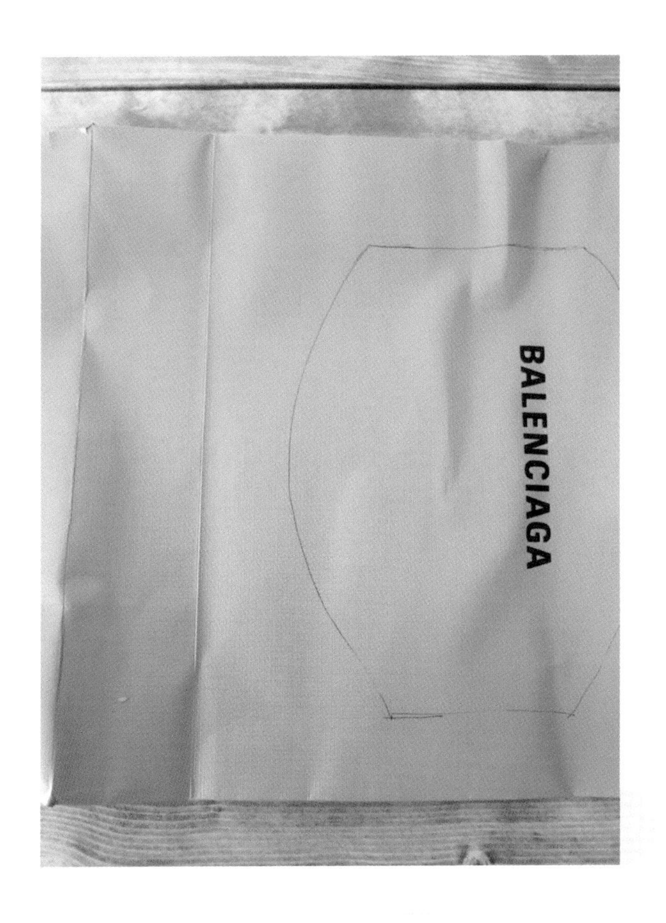

사용소재

종이 쇼핑백, 주스병, 라벤더, 천일홍, 빌개미취

과정

1 종이 쇼핑백에 화병모양의 밑그림을 그리고 오려냅니다.

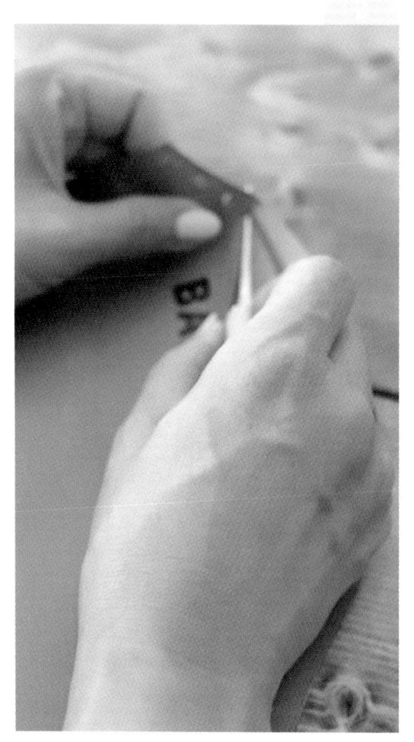

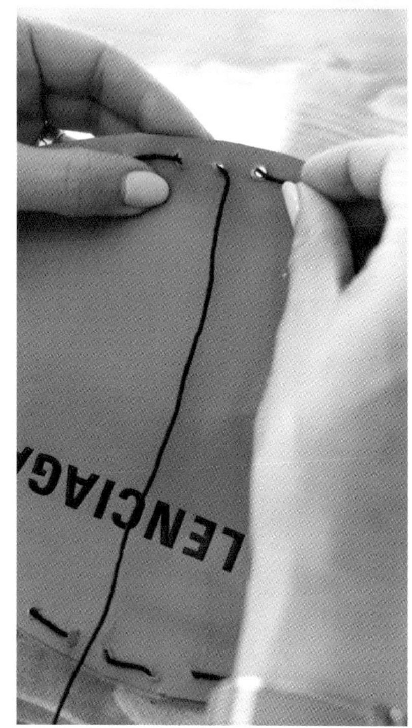

과정

2 오려낸 그림 두장의 가장자리에 송곳으로 구멍을 내어줍니다.
3 구멍을 면실로 바느질 해 줍니다.

과정

4 주스병 겉의 라벨 스티커를 제거하고 깨끗하게 씻어 준비합니다.

5 화병 겉싸개로 감싸고 계절의 꽃을 꽂아줍니다.

선물포장지를 이용한 센터피스 I

사용소재

화지, 면색실, 동백꽃, 거베라, 스카비오사, 알스트로메리아, 음료수병

질감과 색감이 독특한 포장용지들을 이용하여 종이 화병 덮개를 만들었습니다.

선물포장지를 이용한 센터피스 II

핸드백모양의 종이가방을 만들어서 드라이가 가능한 꽃들을 어레인지하면 꽃가방으로서도, 오브제로서도 역할을 다할 수 있습니다.

사용소재

전주한지, 냉이초, 장미

연밥을 이용한 센터피스 I

여름 내내 화려한 아름다움을 자랑하던 연꽃이 져버린 자리에 맺힌 연밥이 드라이가 되다 목이 떨어져 버렸습니다. 상품 가치가 없어 보이던 연밥을 꽃의 고정장치로 삼아 계절의 센터피스를 연출하여 새로운 쓸모를 찾아주었습니다.

사용소재

연밥, 마트리카리아, 강아지풀, 그린물러

과정

1 떨어진 연밥을 깨끗이 씻어 말려서 준비합니다.
2 연밥에 꽃줄기들이 통과할 구멍을 내어 줍니다.

과정

3 화기 위에 연밥을 올리고 물을 넣어둡니다.
4 계절의 꽃들을 연밥을 고정장치 삼아 꽂아 줍니다.

연밥을 이용한 센터피스 II

충전재와 드라이플라워를 이용한 꽃족두리만들기

깨지기 쉬운 물건을 보호했던 종이 충전재 뭉치들과 드라이 되어가는 꽃들을 엮어 행사용 액세서리를 만들었습니다. 한복을 입은 행사나 나들이에 맞추어 머리에 착용한 꽃족두리는 T.P.O에 맞으면서도, 특별했던 나만의 One&Only 자연소재 장신구가 되어주었습니다.

사용소재

종이 충전재, 면실, 헌머리띠, 안개꽃, 소국, 꽃사과 가지

과정

1 깨지기 쉬운 물건의 포장을 위한 종이 충전재를 실로 감아서 둥근 모양을 만들어줍니다.
2 안개꽃을 꽂아주고 헌 머리띠에 장식을 붙여줍니다. 말려둔 꽃사과 열매들을 족두리 앞머리 부분에 꽂아 완성합니다.

볏짚을 이용한 리스(New year wreath)

농경사회에서 추수한 벼의 짚풀은 때로는 가방으로, 지붕으로, 비옷으로, 가축의 먹이로, 퇴비로도 사용된 유용한 자원이었습니다. 새해를 맞아 겨울 소재들과 함께 볏짚 리스를 만들어 현관에 둔다면 신년운을 빌고, 새활용의 의미도 살리는 멋진 행잉장식이 되어줄 것입니다.

사용소재

볏짚, 솔방울, 더글라스전나무, 오리목,
씨드 유칼립투스, 골드그린, 색동리본 등

과정

1 볏집으로 새끼를 꼬아줍니다.
2 둥근 리스 형태로 고정해줍니다.

과정

3 소재들을 모아 작은 소재 다발을 두 덩어리 만들어줍니다.
4 리스에 두 개의 소재 다발을 고정하고 색동리본을 묶어줍니다.

Green florist

김장무를 이용한 플라워 어레인지먼트

가족의 1년 먹거리를 준비하는 가을 중요행사인 김장 뒤에 남은 김장무를 이용해 계절의 꽃을 어레인지할 수 있습니다. 순백의 무와 화려한 색의 꽃이 잘 어우러지며 일상의 식탁에서, 꽃과 함께 하는 삶의 재미를 살릴 수 있습니다.

사용소재

김장무, 장구채꽃

과정

1 김장무의 겉껍질을 벗겨줍니다.

2 화기 위에 김장무를 고정해 줍니다.

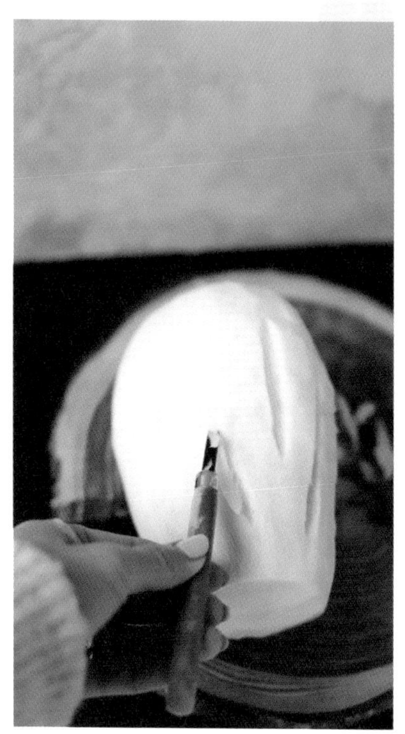

과정

3 김장무 겉면에 조각칼로 홈을 만들어줍니다.

4 홈사이에 꽃줄기를 끼워 넣고 U핀으로 고정하여 장식합니다.

양파망과 라탄환심을 이용한 벽장식

사용소재 양파망, 약병, 남은 라탄 환심, 찔레나무 가지, 다알리아

전시 주제에 발맞추어 작품 속 재료와 제작 과정 또한 탄소발자국을 최소화하는 점에 집중한 작품입니다. 양파망, 약병, 남은 라탄 환심, 마른 나뭇가지 등이 초록바다, 그물, 밧줄, 생선뼈 등의 이미지를 구현하며 바다를 말해주고 있습니다.

폐지를 활용한 플라워 어레인지먼트

도매꽃시장 쇼핑의 끝은 늘, 꽃을 포장해왔던 종이들을 정리하는 일이곤 합니다. 두꺼우면서도 누런 빛이 왠지 정감이 가곤 했던 이 포장 종이로 화기를 만들어 보았습니다. 유리병을 넣고 계절의 꽃을 꽂으니 테이블 위에서도 손색이 없습니다.

사용소재

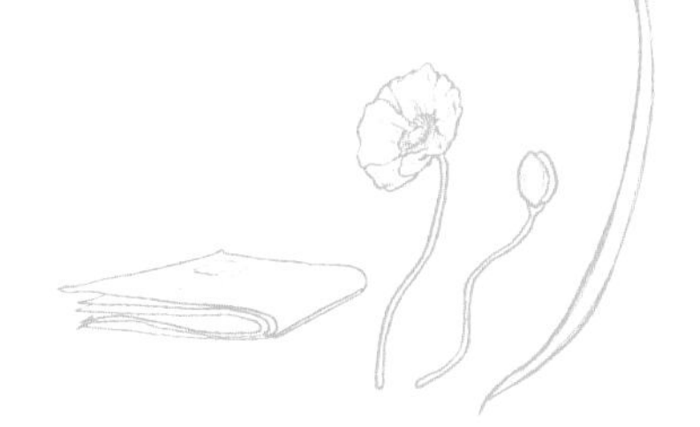

폐지, 양귀비, 스틸그라스

과정

1 폐지를 일정한 두께로 접어 양면테이프로 화기모양을 만들어줍니다.
2 폐지 화기 안에 시험관을 넣어줍니다.

과정

3 시험관 안에 물을 넣어줍니다.

4 계절의 꽃을 꽂아 줍니다.

휴지심을 이용한 플라워 어레인지먼트

버려진 휴지심에 시트지를 붙여 화병을 제작한 후, 계절의 소재와 꽃으로 화병꽂이 했습니다. 쓰레기가 새로운 가치와 아름다움을 꽃으로 입는 새활용 꽃꽂이의 예가 될 수 있습니다.

사용 소재

휴지심, 시트지, 귀리, 비스카리아

비닐끈을 활용한 플라워 어레인지먼트

도매꽃시장에서 꽃을 포장해왔던 비닐끈들로도 꽃을 즐길 수 있습니다. 절대 굽어질 일 없이 질기기만 해 보이는 포장끈으로 업사이클링 고정 장치를 만들었습니다. 유리병을 넣고 계절의 꽃을 꽂으니 테이블 위에서도 손색이 없습니다.

사용소재

비닐끈, 설유화, 라넌큘러스

과정

1 비닐끈을 중간중간 묶어줍니다.
2 비닐끈을 공모양으로 뭉쳐줍니다.

과정

3 큰 덩어리가 될 때까지 만들어 줍니다.

4 끈뭉치 덩어리 가운데를 나뭇가지로 통과 시킵니다.

과정

5 화기에 안치합니다.

6 화기에 물을 붓고 계절의 꽃을 꽂아줍니다.

세탁소 옷걸이를 활용한 플라워 어레인지먼트

세탁소를 이용 후 남겨진 옷걸이들을 수선화 줄기에 넣어 어레인지 했습니다.

속새나 갈대 등 속이 빈 줄기를 가진 식물들은 같은 방법으로 연출해 볼 수 있겠습니다.

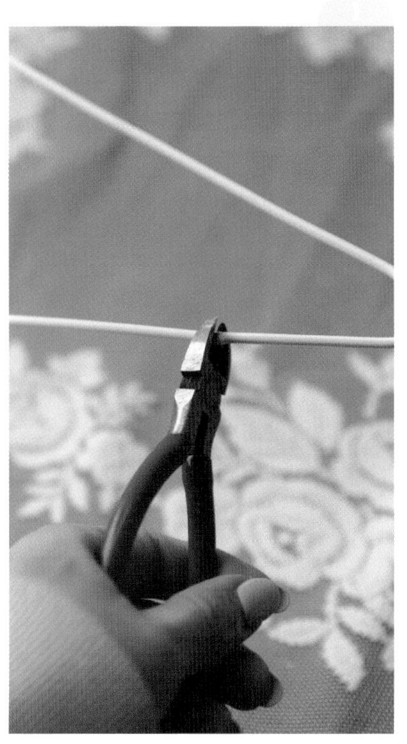

사용소재

수선화, 옷걸이, 돌

과정

1 옷걸이를 잘라냅니다.
2 옷걸이를 구부려주고 철사를 세워줍니다.

과정

3 수선화줄기를 잘라냅니다. 분화로 준비하면 두고 두고 해마다 지속 가능하게 꽃을 볼 수 있습니다.

4 옷걸이에 수선화를 꽂아 고정합니다. 여러 개의 줄기를 나열해 테이블 장식합니다.

페트병을 이용한 플라워 어레인지먼트 I

사이즈가 다른 버려진 페트병을 잘라 겹쳐서 그 사이에 계절의 소재와 꽃으로 화병꽂이했습니다.

페트병을 이용한 플라워 어레인지먼트 II

페트병의 가운데 부분을 잘라내고 편백나무잎들로 채우면 꽃들을 고정할 수 있는 자연소재 고정장치가 됩니다. 뚜껑을 끼우고 물을 채운 후 계절의 꽃을 꽂아 장식해 줍니다.

사용소재

편백잎, 이테아, 다알리아, 씨드클레마티스

양파망 벽트리(크리스마스트리)

버려지는 양파망에 오죽으로 끈을 달고 치킨와이어 베이스에 그린소재들을 꽂아 트리를 만든 후, 자투리 열매나 장식들을 엮어주어 양파망에 매달면, 훌륭한 크리스마스 벽트리가 만들어집니다. 전구나 산타인형 등을 매달면 크리스마스 무드를 더 할 수 있겠습니다.

사용소재

양파망, 오죽, 빨간실, 치킨와이어, 블루버드, 더글라스 전나무, 오리목, 빨강 라그라스, 낙산홍, 망개열매, 스프레이장미

과정

1 양파망으로 족자를 만들어줍니다.
2 그린소재들로 치킨망에 끼워 트리모양을 만들어줍니다.

과정

3 빨간 열매들을 장식해줍니다.

4 만들어 놓은 족자에 트리를 달아줍니다.
전구를 연결해 불을 켜주면 밤에도 볼 수 있는 벽트리가 됩니다.

Green florist

볏짚과 구근식물을 이용한 부활절 센터피스

비옷으로, 소쿠리로, 지붕으로, 볏짚은 오래전부터 한국인의 의식주 전반에 사용되던 귀한 소재입니다. 볏짚으로 만들어진 계란 꾸러미를 만들고 구근식물을 품은 한국식 부활절 센터피스를 만들어 보았습니다. 버릴 것 하나없이 잔여물조차도 퇴비로서 쓰임을 마감하던 볏짚의 또다른 업사이클링 좋은 예가 될 수 있겠습니다.

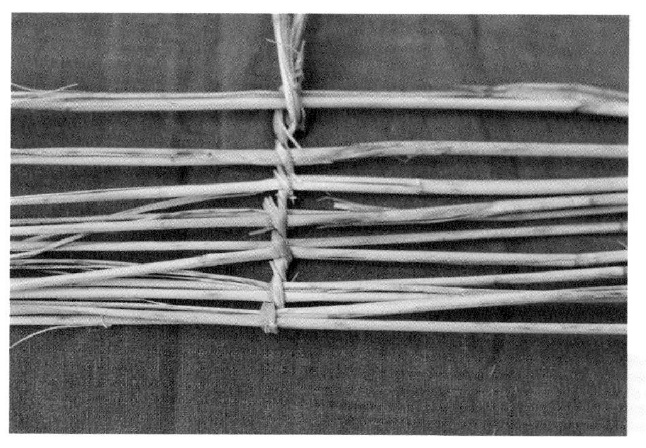

사용소재

볏짚, 달걀, 수선화, 무스카리, 수태, 이끼

과정

1 볏짚을 다듬어준 후 볏짚을 꼬아가며 계란 꾸러미를 엮어줍니다.
2 세 군데 정도 매듭을 꼬아 만들어주면 튼튼합니다.

과정

3 꾸러미의 끝부분을 땋아주어 고정합니다.
4 달걀 윗부분을 깨어 담음새를 만들어줍니다.

과정

5 이끼와 구근으로 달걀을 채워줍니다.

6 오리 머리 모양을 만들어 연출할 수 있습니다.

이나간 그릇과 과일보호충전재를 이용한 센터피스

아끼던 그릇이 이가 나가 사용하지 못할 경우, 화기로 삼고 과일보호 충전재로 꽃 고정장치를 만들어주면 용이하게 센터피스를 제작해 볼 수 있습니다. 값비싼 화기도 좋지만 때로는 손때묻었던 정든 그릇을 새활용해 화기로 삼아 보시길 추천합니다.

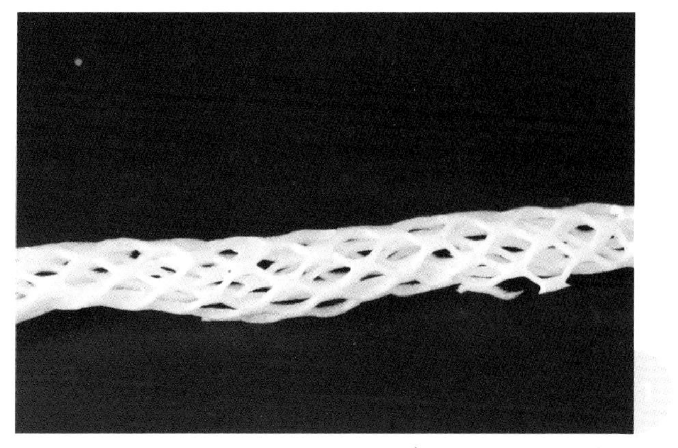

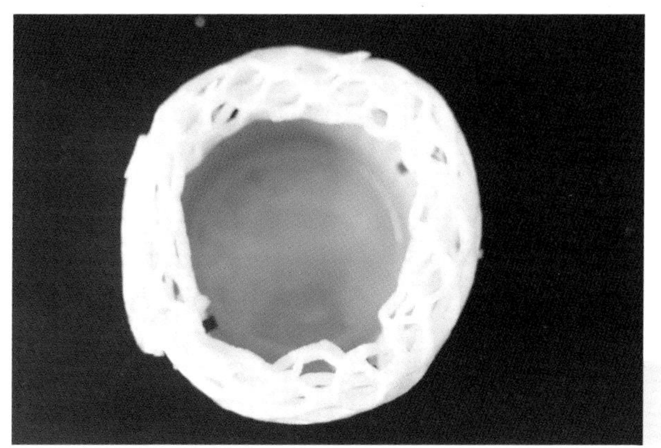

사용소재

이 나간 그릇, 과일 보호 충전재, 캄파넬라, 버터플라이 라넌큘러스, 천조초, 라벤더, 붐바스틱 장미, 마가목, 폴리 유칼립투스 등

과정

1 과일 보호 충전재를 길게 자르고 둥글게 말아 형태를 잡아줍니다.

2 이 나간 그릇의 가장자리에 충전재를 링 모양으로 고정하고 계절의 꽃과 소재를 꽂아줍니다.

달걀 포장 골판지를 이용한 플라워 어레인지먼트

달걀을 포장한 골판지를 이용해 계절의 꽃을 어레인지할 수 있습니다. 평면을 입체로 접고 풀칠해 제작한 화병이 순결한 색의 꽃과 어우러지며 일상의 식탁에서 꽃과 함께하는 삶의 재미를 살릴 수 있습니다.

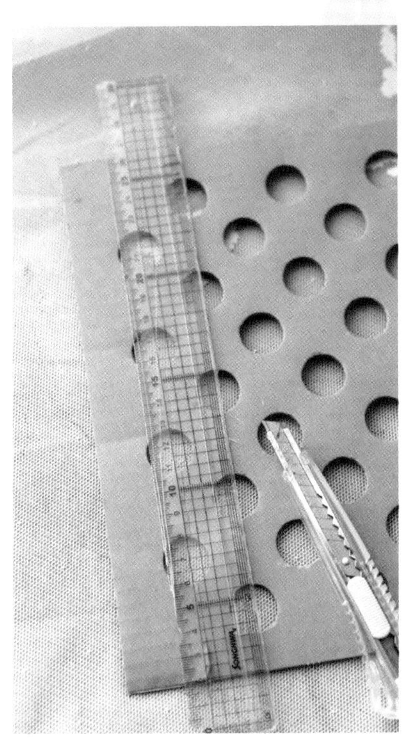

사용소재

달걀 포장 골판지, 마가렛, 스카비오사, 호랑가시나무잎

과정

1 골판지를 규격에 맞게 칼집을 넣어줍니다.
2 흰색 아크릴 물감으로 겉면을 칠해줍니다.

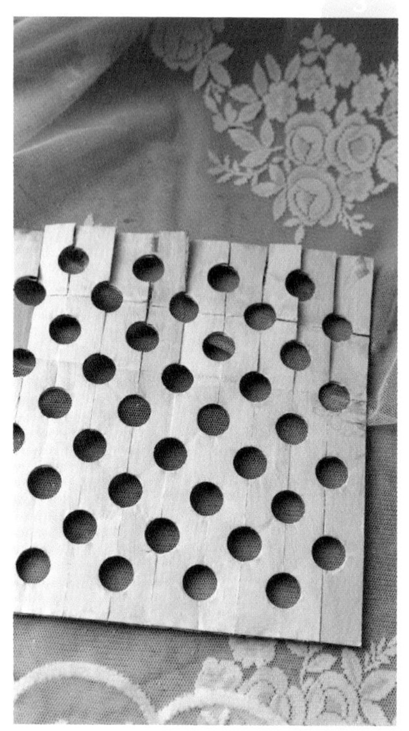

과정

3 병의 주둥이 부위를 접어줍니다.

4 목공풀로 화병 모양을 만들어 붙여줍니다.

과정

5 계절의 꽃을 꽂아 장식합니다.

커피포대를 이용한 벽장식

자연소재인 황마를 이용한 커피포대는 좋은 업사이클링 소재가 될 수 있습니다. 포대와 계절의 소재들을 이용해 개성있는 벽장식 작품을 만들어볼 수 있습니다.

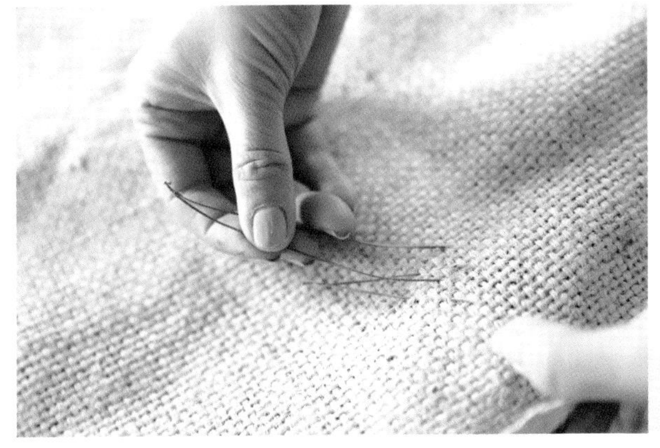

사용소재

커피포대, 소나무가지

과정

1 커피 포대에 밑그림을 그리고 그린소재를 끼워줍니다.
2 밑그림을 채우며 그린소재로 장식합니다.

과정

3 소나무가지를 이용해 걸어줍니다.

Green florist

음료수병을 활용한 플라워 어레인지먼트

마시고 난 공병들을 모아 계절의 꽃과 소재로 꽂꽂이해 어레인지하면 색다른 테이블 스타일링과 일상의 꽃 연출이 가능합니다.

사용소재

카네이션, 석죽, 제임스스토리, 아스틸베, 둥글레잎, 에메럴드(수입소재), 바나나잎, 공병

과정

1 공병에 부착된 스티커를 떼어주고 씻은 후 어울리는 꽃과 소재를 꽂아줍니다.
2 병꽂이한 여러 개를 늘어 놓아 테이블을 장식합니다.

음료수 캔으로 만든 센터피스

마시고 난 캔들을 모아 계절의 꽃과 소재로 꽃꽂이해 어레인지하면 겨울날 색다른 테이블 스타일링과 일상의 꽃 연출이 가능합니다.

사용소재

포인세티아 분화, 음료수캔, 양파망, 이끼, 낙산홍 가지

과정

1 마시고 난 알루미늄 재질 캔의 밑부분을 못을 이용해 구멍 내어줍니다.
2 양파망을 구멍 위에 깔고 포인세티아 분화를 넣어줍니다. 그 위에 이끼를 덮어줍니다.

과정

3 낙산홍 가지를 화병꽂이 해줍니다.
4 꽃도시락과 함께 테이블을 장식합니다.

Green florist

Part. 2

그린 플로리스트의 친환경 일상

플로랄폼과
헤어질 결심

저의 친환경 꽃꽂이로의 발걸음은 플로랄폼과의 헤어질 결심을 하면서 시작되었습니다. 플로랄폼과의 이별 이유는 너무나 분명합니다.

흔히들 오아시스폼이라 알려진 꽃 고정스펀지는 페놀수지(Phenol formaldehyde resin)를 흡수성 및 친수성이 있도록 만든 스펀지 형태의 물건입니다. 정식 명칭은 친수성 원예용 발포제(Wet floral foam)지만 상표명인 오아시스로 더 잘 알려져 있습니다.

스펀지같이 물을 흡수하지만 쉽게 내뱉지 않아서 화원에서 많이들 사용하고 있습니다. 꽃바구니나 꽃 상품 제작 시 이동의 편리성과 제작의 간편성이 좋기도 합니다. 그러나 이 스펀지는 화학 합성수지 성분이라 생분해되지 않으며 포름알데히드, 카본 블랙 등의 발암 물질도 함유하고 있습니다. 손으로 문지르면 부서지고, 누르면 움푹 파이며, 물에 적시지 않았다면 부서지면서 가루가 날릴 수 있습니다. 이것들은 미세플라스틱이 되어 환경오염의 주범이 되고 있습니다.

플로랄폼 대신 완두콩깍지를 수직으로 세워 고정장치로 삼아 계절꽃을 꽂은 센터피스입니다.

장미, 미니델피니움, 벌개미취, 클레마티스, 디디스커스, 석무초, 완두콩, 천조초

김장무를 가로로 잘라 연결한 후 틈 사이로 꽃을 어레인지한 작품입니다.

겹튤립, 석죽, 아네모네, 스위트피, 글로리오사, 무

제조사의 물질 안전 자료표를 보면 '피부에 닿을 시 염증을 유발하며 취급 시에 안경, 마스크, 장갑을 착용하고 사용해야 한다' 라고 적혀있으니 그 유해성을 스스로 인정하는 격입니다.

라스플로레스는 친환경 플라워 디자인을 추구하며 플로랄폼 없이도 구현할 수 있는 상품과 작품을 연구하고 실현하고자 합니다.

오늘의 지구를 살아가는 한 사람으로서, 플로리스트로서, 우리의 안전과 미래 환경을 위해 제가 할 수 있는 작은 실천이라 생각하며 앞으로 나아가고 있습니다.

플로랄폼 덕분에 다양하면서도 간편한 플라워 디자인들이 많이 선보이게 되었지만 그 해악성 때문만이 아니라도 오래전부터 내려오고 지켜지고 있는, 자연으로부터 취한 소재들만으로 제작할 수 있는 플라워 디자인들이 많이 존재하고 있으며, 인공물 없이도 얼마든지 자연스럽고 아름다운 플라워 디자인이 가능함을 많은 경우를 통해 확인했습니다. 이른바 자연소재 고정 기법을 이용한 여러 플라워 디자인을 라스플로레스에서는 그린 에이드(Green aid) 제작법이라고 명명하고 소개하고 있습니다. 만든 이도, 보는 이도 착하면서도 아름다운 친환경 플라워 디자인의 매력에 푹 빠져보실 수 있을 듯합니다.

굳이 침봉을 이용하지 않고 구멍이 난 도자기를 이용한 어레인지먼트입니다.

튤립, 씨이끼시아, 라넌큘러스, 아미초, 마트리카리아, 강아지풀, 헬레보어

가을 단풍이 잘 든 잎들을 모아서
크기대로 쌓아 올려 두께감을 만든 작품입니다.
가운데 구멍을 뚫고 계절꽃으로 장식합니다.

소국, 나뭇잎, 강아지풀, 트리폴리움

다 쓴 둥근 리스틀에 수태와 이끼로 장식을 하고 구근들을 심어 테이블 위에 스프링 가든을 장식할 수 있습니다.

수태, 이끼, 수선화 구근, 크로커스 구근, 무스카리 구근

투명한 유리화기에 나뭇가지를 걸고 무스카리 구근들을 차례대로 매달아 싱그러운 수생식물 환경을 연출한 작품입니다.

목련가지, 무스카리 구근

여름에 즐길 수 있는 작품. 붉게 물들기 전 떨어진 그린 망개의 청량함에 밤송이가 달린 밤나무가지로 포인트를 주었습니다.

망개, 밤나무가지

친환경 꽃다발(그린패키징)

잎새란 끝부분을 잘게 찢고 땋아서
핸드타이드 및 물처리 한 계절꽃을 감싸 마무리한 작품입니다.

잎새란, 제임스스토리, 튤립, 리시안셔스, 왁스플라워씨드, 아스틸베, 버터플라이 라넌큘러스

그린
패키징

꽃다발을 선물 받거나 선물해 본 적이 있으신가요?

포장을 벗기고 꽃을 정리하다 보면 너무나 많은 종이와 비닐과 리본, 스티커들에 놀라곤 한답니다. 꽃 외에 대부분의 부자재는 다시 사용할 수 없는 일회용이어서 안타까운데다가 지나치게 부풀려진 포장은 거품이라는 생각을 지울 수 없습니다. 또 부자재들이 대다수 석유화학제품인 현실이라 부식될 수 있지도 않고 오랫동안 썩지 않을 쓰레기로 남겨질 것이 분명하므로 마음은 더더욱 무거워집니다.

한 송이 또는 한 다발의 꽃을 포장하고 선물하기 위해 사용되는 플로랄폼이나 와이어, 테이프 등 포장을 풀어낸 후 쓰레기통 행이 되는 부자재들을 대신해서 지속 가능하고 다회용으로 사용할 수도 있고, 디자인 면에서 더 아름다운 친환경 꽃다발 디자인을 만들게 되었습니다. 라스플로레스에서는 이를 그린패키징(Green packaging)이라 이름짓고 사용하고 있습니다.

그린패키징 된 친환경 꽃다발은 대부분의 자재들이 자연의 일부이며 자연에서 오고, 다시 자연으로 돌아갈 꽃과 소재를 이용하므로 여러 가지 이점을 가지고 있습니다.

첫째, 알맹이에 집중하므로 더 경제적이고 가격의 거품이 없습니다. 꽃값에 포함된 부자재 가격이 덜어질 수 있으므로 거품없는 알찬 소비라 할 수 있습니다.

둘째, 지속 가능하고 다회용입니다. 일회용 생활을 지양하고 다시 사용되는 착한 소비입니다.

셋째, 썩어 사라지는 부식 가능한 요소들로만 제작하므로 미세플라스틱 제로인 제로 웨이스트 실천 꽃다발입니다.

넷째, 부피를 덜 차지하고 손에 쥔 감각이 보다 더 자연 친화적입니다.

몇 가지 친환경 꽃다발 디자인을 소개합니다.

주로 포장지 대신 큰 잎을 사용하곤 합니다. 붉게 물들어가는 틸란드시아와 다른 붉은 꽃을 핸드타이드 한 후 넓은 콩고잎으로 감싸 꽃다발을 완성할 수 있습니다. 곱슬버들을 마사지 해 리본처럼

틸란드시아, 라넌큘러스, 치자꽃, 아레카야자잎, 콩고잎, 곱슬버들가지

묶으면 완성입니다. 보기에도 깔끔하고 지속 가능한 포장에 색다른 재미까지 줄 수 있습니다.

포장지 대신 가장 많이 쓰는 것은 연잎이나 옥잠화 잎, 엽란 등입니다. 꽃다발 작업을 자주하는 분이라면 어렵지 않게 구할 수 있는 재료입니다. 특히 생연잎은 방수기능이 있어 꽃다발을 포장하기 최적의 재료입니다. 리본 대신에는 버들가지, 호엽란, 베어글라스를 사용하곤 합니다. 꽃과 식물로 완성한 꽃다발을 보면 이질감 없이 자연을 그대로 느낄 수 있는 매력적인 소재들입니다. 화기 대신 사용하고 싶다면 대나무를 사용해보셔도 좋습니다. 이와 같이 지속 가능한 꽃 포장법은 포장을 풀고 그대로 물꽂이 해주면 오랜 기간 푸르게 볼 수 있습니다.

카네이션, 홍가시 가지, 옥잠화잎, 호엽란

수선화, 버들가지, 대국도잎, 대나무통

졸업식 시즌 유난히 예쁜 설유화 가지와 튤립.
몬스테라잎과 호엽란 줄기로 포장해 식이 끝난 후
그대로 화병에 넣어주어 장식할 수 있습니다.

설유화 가지, 튤립, 몬스테라 잎, 호엽란

퐁퐁국화, 카네이션, 페니쿰,
보리사초, 아미초, 연잎

다알리아, 리시안셔스, 스카비오사, 베어글라스, 엽란, 소국, 삼각아카시아잎, 줄맨드라미, 점엽란, 장미, 사루비아

플라밍고 무용수의 치마처럼 풍성한 주름이 인상적인 생연잎 포장법입니다.

다알리아, 부들레야, 냉이초, 플록스, 스카비오사

그린 굿즈

시계, 액자, 부케 핸들 등 지속 가능하면서 다회용으로 사용할 수 있는 소품들을 만들어 일상에서 사용한다면, 새활용의 만족감이 더욱 커질 테지요. 물건의 풍요 속에 풍족한 일상을 누리는 요즘조차도 노동의 기쁨, 핸드메이드의 소중함은 만들어 본 분들만 느낄 수 있는 특별한 경험입니다. 자연소재들을 이용해 제작한 소품들을 그린 굿즈라 명명하고 제작했습니다.

캔버스천에 아크릴 물감으로 원하는 색을 칠한 후 실리콘 화기를 부착해줍니다. 물을 담고 계절의 꽃을 꽂으면 철마다 지속 가능한 꽃액자로 사용할 수 있습니다.

라넌큘러스, 유칼립투스

캔버스에 자투리천을 덮어 싸고, 종이로 삼각뿔모양의 꽃홀더를 달아준 후 계절의 미니 꽃다발을 물처리해 꽂아줍니다. 꽃만 갈아주면 지속 가능한 꽃 액자로 활용할 수 있습니다.

목수국, 냉이, 소국, 스위트피

캔버스 액자에 자투리천을 덮어싼 후, 드라이되는 꽃으로 4군데 방향을 표시해줍니다.
시계부속을 부착해주고 꽃시계로 활용합니다.

패턴이 있는 면 천, 종이꽃, 시계부속

홍등으로 짠 바구니 안에 유리화기를 놓고 화병꽂이 한 작품입니다.

라탄으로 유리컵 홀더를 만든 후 화기 홀더로 이용했습니다.

거베라, 장미, 썸바디, 향등골, 아스틸베, 베론, 크리스탈 잎

라탄으로 가락지 매듭법을 이용하여 링을 만들고 부케홀더로 이용합니다.

장미, 히아신스, 향등골, 베로니카, 썸바디, 천일홍, 뮬리, 크리스탈 잎

그린 식탁

꽃과 음식과 책이 주는 위안과 안식의 순간들입니다. 동네 작은 식당과 친환경 꽃집과 독립서점의 콜라보레이션으로 시작했던 브런치북클럽은 조기마감되곤 한답니다.

먹고, 읽고, 꽃피우는 생활을 꿈꾸고 실천하고자 지역의 동호회, 모임, 작은 공동체들과 손잡고 친환경 플라워 디자인을 소개하고 있습니다.

잘 먹고, 깊이 읽고, 가치 있는 시간을 함께하는 일들은 일상에서 소소한 기쁨이며, 서로에 대한 사랑과 애정을 확인하는 행복의 순간들이 되곤 한답니다.

동네 이웃들과 동네 천변을 줍깅하기도 하고, 주변 생태를 보고 이야기를 나누며 일상을 공유합니다. 친환경의 생활 아이디어를 주고받는 자연스런 이런 순간들이 꽃과 함께 도모하는 저의 일들에 영감이 되고 있으며 잊지못할 소중한 기억들입니다.

한 달에 한 번 동호회의 브런치 모임에 테이블 장식을 하고 있습니다.

꽃으로 장식된 테이블과 정성가득한 플레이트를 앞에 두고 행복한 브런치를 먹다 보면 삶의 만족과 기쁨이 저절로 일어납니다. 바삐 하루하루를 일구고 있는 '나 자신을 위한 대접'의 순간이니까요.

준비를 위한 새벽 기상은 고단하지만 함께 한 이들의
행복한 미소를 보면 사르르 사라질 피로일 뿐입니다.

모임을 위한 테이블 장식은 주제 정하기와 디자인 실현에 이르기까지 모든 과정이 도전이면서도 즐거운 성취가 되어줍니다.

테이블 스타일링을 통해 사계절을 느끼고 알아가는 기쁨은 사람이 철드는 과정과도 비슷합니다.

그린이의
삶

살고 있는 지역 공동체에서 동아리모임 지원사업으로 지원받아 달마다 지역 천변을 줍깅을 하고 주변 생태를 관찰하고 기록합니다. 철마다 계절이 지나가는 주변을 인식하고 다정한 이들과 이야기를 나누다보면 서로의 일상을 응원하게 되고 친환경의 방법들을 구체적으로 나누기도 하여 유용하고도 즐거운 시간들이 되곤 합니다. 천변에서 주운 공병과 페트병은 계절의 꽃을 꽂아주어 멋진 화기와 화병으로 변신하기도 하는데, 플라워 업사이클링의 생활 속 실천이 그리 먼 것은 아니라는 것을 일상에서 배우고 나눈답니다.

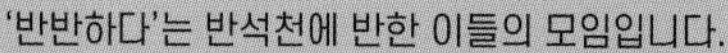
'반반하다'는 반석천에 반한 이들의 모임입니다.

반반하다 단체티 이미지

제가 사는 동네의 동호회분들과 함께하는 플라워 업사이클링 순간들입니다. 하천변을 줍깅하며 모아둔 공병들을 닦고 정리한 후 계절의 꽃을 꽂아 화병으로 업사이클링하는 경험은 서로에게 보람과 성취라는 꽃경험을 안겨주었답니다.

새벽잠이 강제로 없어진 줍깅의 혜택

공병 화병꽃이는 쓸모없음의 쓸모를 발견하는 꽃행복을 가져다주었습니다.

제가 속한 '한국친환경꽃디자인연구소'는 한국, 친환경, 꽃, 디자인을 사랑하는 네 명의 플로리스트로 결성된 비영리 단체로서, 2021년 처음 조직된 이후 매년 세계환경의 날들을 기념해 친환경 꽃디자인을 발표해왔습니다.

필자가 속해있는 비영리 단체인 한국친환경꽃디자인연구소의 물의 날 참여 이미지

MBTI 유형별 추천 꽃 & 꽃다발 디자인

INTJ

The Spirit of Flowers & Plants 45

한국의 젊은이들에게 화두가 되어버린 MBTI를 분석하고 이에 걸맞는 꽃다발디자인을 제안하는 성격유형 꽃다발 캠페인 사진입니다.

꽃다발의 재활용, 지속 가능한 일상의 꽃을 위한 RE: flower프로젝트의 일환으로 만들었던 틴케이스 화병꽂이 작품.

친환경
꽃전시회

지난 2023년 4월 전시되었던 [화담직의-소통전]은 섬유디자이너와 한국복식디자이너, 플로럴디자이너의 3인 콜라보레이션 전시회로서, 서로 다른 영역의 작가들이 머리와 손발을 맞댄, 이제까지 찾아보기 어려운 전시였습니다. 작가 셋의 공통 화두였던 친환경, 재생, 한국이라는 키워드가 1년여 준비기간 동안 실현되는 과정들을 즐기면서 소통의 진정한 즐거움을 맛보았기에 전시회의 성패를 떠나 보람된 전시 경험이 되었습니다.

특히 문화재생 사업의 일환으로, 지역의 방치되어 사라질 위기였던 옛 정수장을 전시장으로 재탄생시킨 공간에서 전시하게 되었는데요. 문화 정원 내 '샘' 전시장은 화담직의의 재생과 부활을 화두로, 재활용하고자 하던 처음 마음들이 잘 살아나는 공간이 되어주었습니다.

개인적으로는 기존의 꽃 전시회를 생각하는 시선이나 관념들이 어떤 것이었을지 다시 한번 돌아보고, 기존 생각으로부터의 전환, 실현방식의 친환경 전개, 전시 비전의 새로운 제시를 해 보고자 의도했던 전시회였음을 방문해주신 많은 분과의 소통을 통해 확인받고 용기 얻었던 전시였습니다.

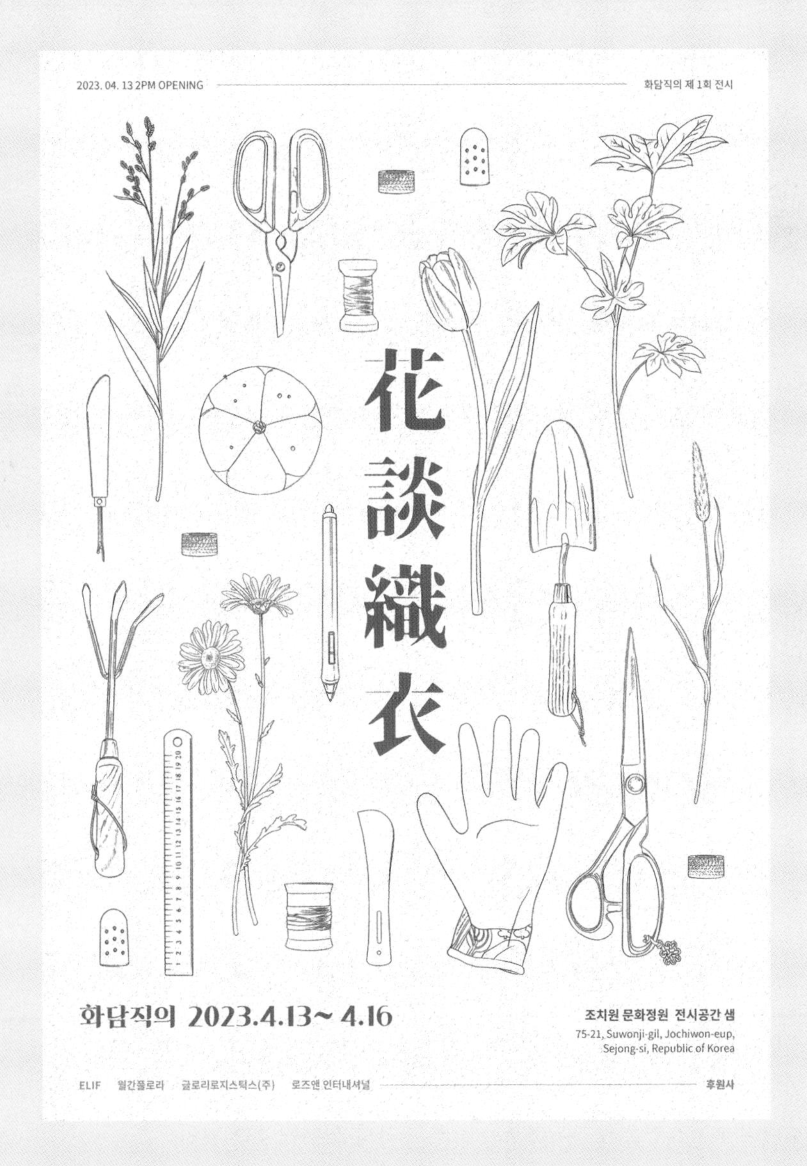

문화재생사업으로 다시 태어난 옛 정수장의 새로운 이름인 '샘' 전시장에서의 화담직의 3인전은
플라워&플랜트를 친환경적으로 공간장식 할 수 있음을 선보이는 자리가 되었습니다.

이끼와 흙과 바크와 분화와 절화들이 적절히 조화롭게 공간에서 어우러집니다.

드라이 된 풍선초가 멋진 아치가 되었습니다. 와이어도 플로랄폼도 없이 말이에요.

장미, 백합, 카네이션…. 세상엔 참 많고 많은 예쁜 꽃들이 있지만, 제게 누군가 '제일 좋아하는 꽃이 무엇인가요?'라고 물으신다면 전 망설임 없이 콩꽃이라고 말할 듯합니다.

콩의 종류마다 색색이 다르고 작고 귀여운 꽃들이 지고 나면, 기다란 콩 자루에 콩들이 실하게 익어갑니다.

완두콩자루가 충실하게 익어가고 있어요.

우연한 기회에 시작된 저의 텃밭 라이프는 구불구불 제멋대로 자라나는 허브와 야생화와 계절의 꽃들의 자태에 반해 더 열심히 심고 키우게 되었지만, 텃밭 채소들의 대명사인 오이와 가지와 고추와 콩들을 심어 그들의 아기자기하고 청순한 꽃들을 알아가면서 진심으로 열중하게 되었습니다.

채소 간의 가판대에서 만난 이들과 텃밭에서 만난 이들의 모습은 떡잎부터 달랐으니까요. 텃밭 채소와 꽃들의 파종부터 채종까지의

일 년을 함께하는 것은 작은 우주를 경험하는 것과도 같은 멋진 일이었습니다. '땅을 파고 토양을 돌보는 방법을 잊은 것은 자신을 잊고 사는 것과 같다.' 라던 간디의 말씀들은 진정 텃밭을 일구며 식물만 자라는 것이 아니라 나 자신도 자라나는 놀라운 경험을 하며 진심으로 가슴에 와닿았습니다. 자연을 돌보는 일이 결국은 자신을 돌보는 일임을 알게 되었습니다.

자연과 나를 돌보는 친환경 라이프의 처음은 거창하지 않아도 되겠습니다. 샤워 시간을 줄이고 용품을 리필하고, 양칫물을 담아 쓰고, 장바구니를 들고 다니며, 자전거나 걷는 이동을 즐기고, 아껴 쓰고, 나눠 쓰고, 다시 쓰고, 업사이클링해보는 일상의 실천이 더욱 소중한 요즘입니다.

저의 책이 여러분의 친환경 라이프로 가는 길에 힌트와 영감을 조금이라도 드릴 수 있다면 정말 멋진 일이 되지 않을까 하는 작은 소망으로 이 글을 시작했습니다. 함께 걸어볼까요? 이 길을?

Sustainable
flower design
A life without waste in
the abundance of things
그린 플로리스트
라스 플로레스
Flower desig
considers even deca
Flower upcycling, finding usefulness in the useless

책으로 만드는 북클립 안내

아래 만드는 법을 참고해서
앞 장의 색지로 북클립을 만들어보세요.
과감하게 찢고 잘라 쓰는 나만의 북클립!

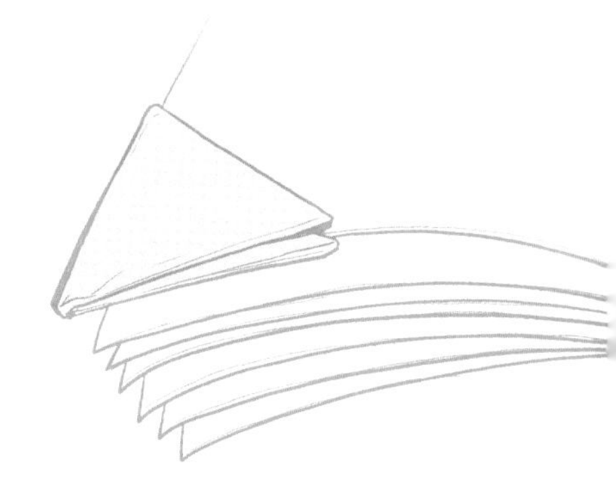

1. 색지에 표현해놓은 점선을 따라
종이를 자르거나 찢어주세요.

2. 종이를 가로와 세로로 접었다 펴주세요.

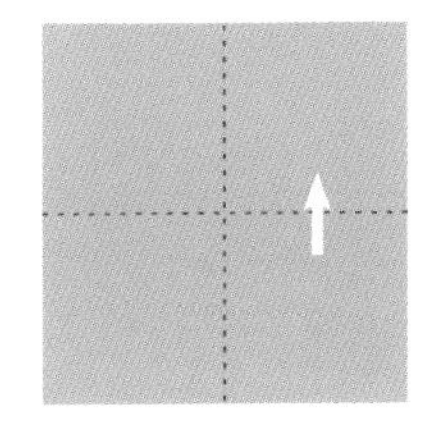

3. 각 모서리를 중심을 향해 모아 접어준 후(방석접기)
한 모서리를 펼쳐줍니다.

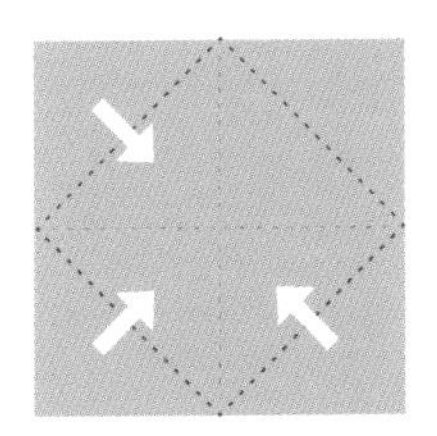

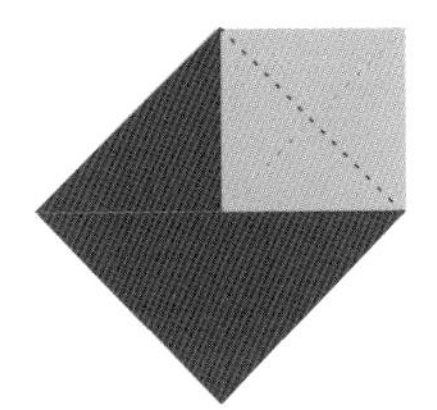

4. 왼쪽의 삼각형을 오른쪽으로 겹쳐주고
겹쳐진 삼각형의 아랫부분을 위로 겹쳐줍니다.

5. 빼놓은 모서리를 가장 앞쪽 주머니 칸에
넣어줍니다.

플라워 업사이클링

발행일 2023년 11월 10일 초판 1쇄 발행

지은이 민소희
펴낸이 이지영

편 집 임한나
디자인 Design Bloom 이다혜, 안규현
그 림 안규현

펴낸곳 도서출판 플로라
등 록 2010년 9월 10일 제 2010-24호
주 소 경기도 파주시 회동길 325-22
전 화 02.323.9850
팩 스 02.6008.2036
메 일 flowernews24@naver.com

ISBN 979-11-90717-90-8